DE LA

TAILLE HYPOGASTRIQUE

PRATIQUÉE AU MOYEN

DE LA CAUTÉRISATION

MÉMOIRE

SUR UNE NOUVELLE MANIÈRE D'EXTRAIRE LA PIERRE DE LA VESSIE

par

LE DOCTEUR A^{te}-D^{que} VALETTE

Chirurgien en chef de la Charité, professeur suppléant à l'École de Médecine de Lyon

---

PARIS

VICTOR MASSON, LIBRAIRE-ÉDITEUR

place de l'École-de-Médecine.

LYON

J.-P. MÉGRET, LIBRAIRE

quai de l'Hôpital, 51

1858

DE LA

TAILLE HYPOGASTRIQUE

PRATIQUÉE AU MOYEN

DE LA CAUTÉRISATION

PUBLICATIONS DU MÊME AUTEUR

Des Tumeurs fongueuses de la dure-mère et des os du crâne (*Thèses de Paris,* 1846).

Du traitement des Plaies par armes à feu (*Gazette médicale de Lyon* , 1849).

Lettre sur le traitement des Anévrismes et des Varices, au moyen des injections de perchlorure de fer (*Bulletin de thérapeutique,* 1853).

De la cure radicale des Hernies inguinales et d'un nouveau moyen de l'obtenir (Mémoire couronné par l'Académie chirurgicale de Madrid). Paris et Lyon, 1854.

De l'influence de la Philosophie sur la marche et les progrès de la chirurgie (*Discours d'installation* , Lyon , 1855).

DE LA

TAILLE HYPOGASTRIQUE

PRATIQUÉE AU MOYEN

DE LA CAUTÉRISATION

MÉMOIRE

SUR UNE NOUVELLE MANIÈRE D'EXTRAIRE LA PIERRE DE LA VESSIE

par

LE DOCTEUR A^{te}-D^{que} VALETTE

Chirurgien en chef de la Charité, professeur suppléant à l'Ecole de Médecine de Lyon

PARIS

VICTOR MASSON, LIBRAIRE-ÉDITEUR

place de l'École-de-Médecine.

LYON

J.-P. MÉGRET, LIBRAIRE

quai de l'Hôpital, 51

1858

DE LA

TAILLE HYPOGASTRIQUE

PRATIQUÉE AU MOYEN

DE LA CAUTÉRISATION

La lithotritie, cette magnifique conquête de la chirurgie moderne, a été accueillie à son début avec un véritable enthousiasme ; aussi les perfectionnements se sont succédé avec une rapidité telle qu'il fut un moment permis d'espérer que l'opération de la taille, jusqu'alors l'unique ressource contre les calculs de la vessie, pourrait être bientôt complétement abandonnée. Ces espérances ne se sont qu'en partie réalisées ; s'il reste acquis à la science que la lithotritie est une des plus belles découvertes chirurgicales de notre époque, le temps et l'expérience ont appris aussi que sa sphère d'action était limitée. Loin de moi la pensée de déprécier les services qu'elle peut rendre, je dis seulement que, dans beaucoup de circonstances, l'opération de la taille est seule applicable ; en d'autres termes, la lithotritie est, à mon sens, non la rivale, mais la sœur de la lithotomie, sœur heureuse qui a le privilége de choisir les cas favorables, et qui doit peut-être à cette circonstance de soutenir le parallèle avec avantage; tandis que la taille est obligée de les accepter tous, même ceux que la méthode moderne a parfois abordés et qu'elle a nécessairement rendus plus graves.

Si le broiement de la pierre ne peut être pratiqué indistinctement dans tous les cas, il importe de préciser les circonstances qui doivent nous guider dans le choix de l'une de ces deux méthodes. Je n'aborderai ici qu'une partie de ce vaste problème. Il ne sera question dans ce travail que d'une catégorie de calculeux chez lesquels la lithotritie n'est que très-exceptionnellement applicable, je veux parler des enfants.

« La taille, dit Blandin, doit être préférée à la lithotritie chez les enfants qui n'ont pas encore atteint l'âge de quinze ans (1). »

« Hors des cas exceptionnels, l'opération par la taille est préférable chez les enfants (2). »

MM. Ségalas et Leroy d'Etiolles ont, il est vrai, essayé d'appliquer la lithotritie chez les enfants, mais la rès-grande majorité des chirurgiens a rejeté cette opération. L'opinion est tellement arrêtée sur ce point, que je puis, sans entrer dans une discussion inutile, me

(1) BLANDIN. — *Parallèle entre la taille et la lithotritie*, page 151.
(2) GUERSAUT.— Dans *Clinique des hôpitaux des enfants*, rédigée par le docteur Vanier (du Havre), 2e année, page 177.

borner à rappeler les raisons qui contre-indiquent la lithotritie chez les jeunes sujets :

1° Les enfants sont craintifs, indociles, irritables ; les mouvements désordonnés auxquels ils se livrent gênent la manœuvre et peuvent amener divers accidents. L'anesthésie peut faire disparaître, il est vrai, une partie de ces inconvénients, mais non sans en créer de nouveaux. — Les lithotriteurs savent bien que la main a, en quelque sorte, besoin d'être guidée par les sensations du malade, et qu'il est imprudent de faire manœuvrer des instruments dans la vessie alors que le malade est plongé dans le sommeil anesthésique.

2° Les instruments dont on peut se servir doivent avoir un petit calibre, ils sont, par conséquent, ou impuissants ou exposés à se rompre.

3° Les calculs que l'on rencontre chez les enfants sont, en général, volumineux. — Cette circonstance devient la source de complications quelquefois fort embarrassantes.

4° Et c'est là le motif le plus sérieux peut-être, la largeur et la dilatabilité des portions membraneuse et prostatique du canal de l'urètre chez l'enfant permettent le passage à des fragments volumineux qui s'arrêtent dans la portion spongieuse ; il en résulte des douleurs très-vives et la nécessité de recourir à des manœuvres d'extraction très-laborieuses, que l'âge du malade rend plus difficiles et plus dangereuses encore. On parvient, sans doute, à triompher dans quelques cas de la difficulté, mais bien souvent l'incision du canal est la seule ressource à employer. D'un autre côté, la taille n'offre pas à beaucoup près chez l'enfant la même gravité que chez l'adulte. Il ne faudrait donc pas, pour juger la question, prendre ce dernier pour type; car encore une fois, quand il s'agit des jeunes sujets, la lithotritie perd beaucoup de ses avantages, et la lithotomie beaucoup de sa gravité. Pendant les six années que j'ai passées à l'Hôtel-Dieu en qualité d'aide-major, je n'ai eu recours qu'au broiement de la pierre dans la vessie, mais depuis que je suis placé à la tête du service chirurgical de la Charité (hôpital où sont traités les enfants jusqu'à l'âge de quinze ans), j'ai dû modifier ma pratique et tailler mes petits calculeux. J'ai été conduit par les circonstances à étudier d'une manière spéciale les méthodes et procédés opératoires, et à faire un choix dans cette richesse embarrassante; je crois avoir été assez heureux pour résoudre un problème difficile et imaginer un procédé qui enlève à la cystotomie une grande partie de sa gravité.

Les méthodes et procédés opératoires imaginés depuis dix-huit siècles dans le but d'extraire les calculs de la vessie sont si nombreux qu'il serait trop long de les passer tous en revue. Cette étude, du reste, très-bien faite déjà dans un grand nombre de traités classiques et une foule d'ouvrages spéciaux, ne serait, sous ma plume, que fastidieuse pour le lecteur. Je préfère, laissant de côté toute description de manuel opératoire, examiner les avantages que l'on cherche à obtenir par la lithotomie, et dire en passant les méthodes et procédés qui permettent le mieux d'atteindre le but. — Je serai naturellement conduit alors à signaler les dangers et les inconvénients des divers procédés. — J'examinerai ensuite les ressources dont la chirurgie dispose, et je ferai connaître un nouveau moyen dont la supériorité me paraît évidente. Ce parallèle entre les diverses opérations de taille a été fait bien souvent ; mais, comme dans toute étude d'appréciation, les conclusions ont varié. — Ces interprétations diverses me paraissent tenir moins à la nature du sujet qu'au point de vue différent où se sont placés les auteurs. La plupart des chirurgiens qui ont traité cette question n'ont eu en vue que le résultat immédiat de l'opération. Cet élément du problème a, il est vrai, une importance capitale, mais il faut ne pas négliger les autres ; or, il ne suffit pas que l'opération ne compromette pas trop la vie de l'individu pour être acceptée comme un bienfait, il faut encore, si faire se peut, qu'elle respecte l'intégrité des fonctions. Dans tous les cas, lorsque l'on compare deux méthodes ou procédés opératoires, il faut tenir compte de ces deux éléments du problème ; car si, par la nature des choses, on ne trouve pas dans le premier terme des raisons suffisantes pour éviter toute hésitation, on peut trouver dans le second des motifs sérieux qui ne laissent pas de place à l'indécision. Pour ce qui concerne l'opération de la taille, cette question des suites éloignées de l'opération a été en général trop négligée, et cependant son importance, surtout quand il s'agit des enfants, est immense.

Je diviserai donc l'étude des accidents qui peuvent suivre l'opération de la lithotomie en accidents immédiats et accidents éloignés ou consécutifs.

ACCIDENTS IMMÉDIATS.

DOULEUR. — DIFFICULTÉS DU MANUEL OPÉRATOIRE.

Ces deux inconvénients, inséparables de toute opération, ne sont rappelés ici que pour mémoire, ils pèsent peu dans la balance. La douleur, grâce à l'anesthésie, n'est plus un motif de préférence. La difficulté que l'on peut rencontrer dans l'exécution de l'opération est un obstacle plus sérieux ; mais les procédés lithotomiques présentent à peu de chose près, sous ce rapport, des inconvénients qui se balancent. Le procédé que je ferai connaître est, ainsi qu'on le verra, facile à pratiquer. Je suis loin de voir là un avantage qui puisse entrer en ligne de compte, je constate seulement, en passant, que, sur ce premier point d'une importance fort secondaire du reste, il ne le cède en rien aux méthodes et procédés connus.

Hémorrhagie. — L'hémorrhagie est toujours un accident grave ; mais cette gravité est, toutes choses égales d'ailleurs, en raison inverse de l'âge. — Les enfants supportent moins bien que les adultes une perte de sang un peu grande. Toutes les opérations de cystotomie peuvent être suivies d'hémorrhagie, mais les tailles périnéales sont incontestablement celles qui y exposent le plus. Sur quatre tailles latéralisées pratiquées sur de jeunes sujets, j'ai eu à combattre deux fois cet accident. Je n'ai eu qu'une fois l'occasion de pratiquer la taille bilatérale, et cette fois encore je me suis trouvé aux prises avec cette complication. On peut sans doute, le plus souvent, se rendre maître de l'écoulement sanguin, mais la vie n'en reste pas moins plus ou moins menacée quand cet accident se produit, car on n'est jamais sûr de pouvoir le dominer. Du reste, l'opéré, après une perte sanguine un peu considérable, se trouve dans un état d'affaiblissement qui compromet le résultat final de l'opération. — Le tamponnement, les hémostatiques divers, les moyens, en un mot, destinés à arrêter l'hémorrhagie, ont un inconvénient qui a son importance, c'est celui de mettre la plaie dans de mauvaises conditions de cicatrisation, et de favoriser la production des fistules urinaires. Toutes les opérations de taille n'exposent pas à l'hémorrhagie avec la même fréquence. Sous ce rapport, on peut les classer de la manière suivante :

1° Taille latérale,

2° — bilatérale,

3° — quadrilatérale,

4° — recto-vésicale,

5° — médiane,

6° — hypogastrique.

Je ne connais pas de statistique faite à ce point de vue, mais, à défaut de l'expérience clinique, l'anatomie suffit pour justifier cette classification. Les vaisseaux compris dans l'aire du périnée appartiennent à l'artère honteuse interne ; ils sont au nombre de trois :

1° L'artère superficielle du périnée ;

2° La transverse du périnée ;

3° L'hémorrhoïdale inférieure.

Tous ces vaisseaux peuvent être lésés dans l'opération de la taille latéralisée. Le tronc même de l'artère honteuse interne peut être atteint ; je m'empresse, toutefois, d'ajouter que cet accident ne peut arriver qu'exceptionnellement ; chez l'adulte même, cette lésion est presque impossible. — Les expériences de Béclard et Blandin à ce sujet sont trop connues pour que j'insiste davantage. Mais chez l'enfant, la disposition anatomique n'est pas tout à fait la même. La rainure dans laquelle est placée l'artère honteuse interne est bien moins profonde que chez l'adulte, ce vaisseau n'est pas aussi bien protégé par la crête de l'os. Les artères du périnée présentent, du reste, dans certains cas, des anomalies impossibles à prévoir, et qui peuvent être la source d'hémorrhagies graves. C'est ainsi, par exemple, que M. Frank a trouvé, chez un jeune enfant, les artères vésico-prostatiques extrèmement développées, et donnant naissance aux artères dorsales de la verge.

La taille bilatérale est à peu près aussi grave que la taille latérale sous le rapport du danger de l'hémorrhagie.

La taille médiane l'est beaucoup moins, elle ne peut guère intéresser, réserves faites pour les anomalies, que le plexus veineux prostatique ; or, chez l'enfant, cette éventualité n'a pas grande importance.

Mais de toutes les opérations lithotomiques, la taille hypogastrique est celle qui expose le moins à l'accident dont il est question ; cette proposition ne saurait être contestée, il est donc inutile de m'arrêter à sa démonstration.

FAUSSES ROUTES.

Ce grave accident, résultat ordinaire d'une manœuvre mal faite, survient quelquefois cependant malgré toute l'habileté de l'opérateur. Les chances varient suivant le procédé suivi. Ainsi, dans le premier temps de la taille hypogastrique, il peut arriver que l'on tombe sur une couche épaisse de tissu cellulaire post-pubien. Le chirurgien peut alors s'égarer et ne renconter la vessie qu'après des manœuvres qui produisent un décollement considérable. Dans le premier temps des tailles périnéales, au contraire, à moins d'inattention complète, il est impossible de ne pas arriver sur le cathéter.

L'introduction du gorgeret et des tenettes, lorsque l'on pratique la taille sus-pubienne, ne présente aucune difficulté. Mais dans les tailles sous-pubiennes, cc deuxième temps de l'opération expose à plus d'un écueil ; les instruments que l'on porte dans la vessie peuvent abandonner la rainure du cathéter et lacérer les parties voisines. Si l'incision est trop étroite, on peut repousser la prostate avec les tenettes, et la décoller du rectum. En résumé, les avantages et les inconvénients, sous le rapport de la facilité avec laquelle on est exposé à faire des fausses routes, se compensent. Le danger est plus grand dans le premier temps de la taille hypogastrique ; dans le second temps de l'opération, au contraire, la taille périnéale perd ses avantages.

DÉCHIRURE DES PARTIES VOISINES.

La déchirure des parties voisines provient le plus ordinairement de l'extraction laborieuse de calculs volumineux. Aussi cette complication est-elle plus à craindre chez l'enfant dont les pierres atteignent quelquefois un volume considérable. Le danger est surtout à redouter dans les tailles périnéales ; le peu d'étendue de la région sur laquelle on opère en donne l'explication suffisante. On a bien, il est vrai, proposé les grandes incisions, les débridements ; mais est-il besoin de rappeler les inconvénients qu'entraînent ces divisions étendues? Il est du reste quelquefois impossible de faire une ouverture suffisante, et la preuve c'est que la taille hypogastrique a été une inspiration du génie de Franco aux prises avec un calcul trop volumineux pour être extrait par l'incision périnéale. C'est assez dire que, sous ce rapport, la cystotomie suspubienne a une supériorité marquée.

LÉSION DES ORGANES VOISINS.

Les vésicules séminales, les conduits éjaculateurs, la vessie, le rectum, le péritoine peuvent être lésés dans les diverses opérations de taille.

Rectum. L'intestin a été souvent intéressé dans les tailles périnéales. Il est inutile d'insister sur les conséquences fâcheuses qui résultent de cette complication, disons seulement que la main des lithotomistes anciens, mal guidée par une anatomie imparfaite, les exposait plus souvent que nous à ce péril. La taille rectovésicale, un instant soutenue par l'autorité de Samson, ne fit que paraître sur la scène chirurgicale. La lésion de l'intestin est le principal motif de la répulsion qu'elle inspire. La taille bilatérale n'assure pas contre cet accident.

Dupuytren lui-même a eu à le déplorer, et ce fut précisément un fait malheureux qui fit concevoir à Samson le projet de sa méthode. La taille médiane expose bien davantage à cette lésion redoutée, surtout si le calcul est volumineux ; les raisons en sont facile s à saisir; aussi, malgré l'autorité de M. Bouisson, je soutiens que le péril est encore assez grand. Avec la taille latéralisée on y est moins exposé ; seule, la taille hypogastrique préserve complétement de ce danger.

VÉSICULES SÉMINALES. CONDUITS ÉJACULATEURS.

Ce que je viens de dire s'applique en tous points à la lésion de ces parties. Pour n'être pas aussi redoutable, cette complication n'en mérite pas moins cependant une sérieuse attention ; les nombreuses tentatives faites dans le but de l'éviter le prouvent assez. Les petites incisions permettent d'atteindre le but, mais que d'inconvénients en regard ? le volume du calcul ne laisse pas d'ailleurs le chirurgien toujours maître de la situation.

Vessie. — Les anciens chirurgiens regardaient comme mortelles les plaies de la vessie : le pronostic du père de la médecine fut longtemps accepté sans contrôle ; mais l'expérience a démontré que cette terminaison n'était pas toujours aussi funeste. Des blessures par armes à feu de la vessie ont même été quelquefois suivies de guérison. Morand cite dans ses opuscules un fait des plus curieux à cet égard. Un officier, atteint d'un calcul vésical, le fit appeler, et lui témoigna le

désir d'être taillé par la méthode sus-pubienne, parce
qu'il avait vu un de ses camarades recevoir une balle
dans la vessie et en guérir, et qu'il pensait qu'une
simple incision devait, après tout, se cicatriser plus
facilement. Je ne dirai pas cependant que les lésions
de la vessie sont peu graves, l'expérience prouve le
contraire ; mais la gravité ne tient pas à ce que la
poche urinaire est intéressée, mais aux circonstances
qui accompagnent la lésion de cet organe. Cette proposition, pour être comprise et acceptée, demande
quelques explications. Il est bien vrai que dans les
tailles périnéales on doit éviter les grandes incisions
prostatiques, c'est-à-dire celles qui exposent à la lésion
de la vessie ; l'observation a démontré combien elles
sont dangereuses. Mais la cause du péril réside-t-elle
dans la lésion de l'organe ? Non, elle tient à ce que ces
incisions intéressent le tissu cellulaire lâche qui en-
toure le col et le bas fond de la poche urinaire ; l'urine
qui s'infiltre avec une grande facilité dans ces mailles
peu serrées, provoque le développement d'une inflammation diffuse et de mauvaise nature, qui se termine
par des fusées purulentes, la gangrène avec toutes ses
conséquences. On dira peut-être que cette distinction
importe peu, et que puisque la taille hypogastrique
crée le même accident, elle est à cause de cela fort
dangereuse. C'est en effet le reproche le plus grave que
l'on ait fait à cette opération ; mais j'insiste sur ce point :
ce n'est pas la lésion de la vessie, mais la laxité, la

perméabilité du tissu cellulaire qui est la cause principale de ce danger. On va voir quelles conséquences découlent de cette proposition. Si la gravité de l'opération tient à ce que le tissu cellulaire ambiant est intéressé en même temps que la vessie, il existe peut-être un moyen de tourner la difficulté, c'est-à-dire de changer les conditions fâcheuses créées par la laxité du tissu cellulaire, qui rend les infiltrations urinaire si faciles à se produire. Or, c'est précisément le but que j'ai atteint par mon procédé. Je le répète à dessein : avec ce procédé, la lésion de la vessie, dégagée des inconvénients dont je viens de parler, ne présente plus la même gravité, parce que l'infiltration urinaire, qui constitue le danger des lésions de la vessie par l'instrument tranchant, devient fort difficile. Mais comme je ne compare ici que des méthodes et procédés connus, je dirai que la taille hypogastrique, telle qu'on la pratique ordinairement, a sous ce rapport une infériorité que l'on ne saurait nier.

Péritoine. — La taille sus-pubienne expose à la lésion de la séreuse, que l'on évite facilement avec les tailles sous-pubiennes. Cette lésion, je n'ai pas besoin de le dire, est fort grave. On peut l'éviter sans doute dans la majorité des cas, mais la possibilité de l'atteindre pèse dans la balance. La gravité de cette complication disparaît avec mon procédé. Cette proposition paraîtra paradoxale au premier abord, je prie le lecteur de me suivre jusqu'au bout, de méditer les raisons que je

donne et les faits que j'apporte à l'appui , de ne juger ,
en un mot , qu'après avoir entendu.

DE LA MORTALITÉ.

L'examen rapide que nous venons de faire des accidents immédiats qui peuvent se manifester à la suite
des diverses opérations de taille , nous fait pressentir
déjà combien le choix est embarrassant, et pourtant
nous n'avons examiné qu'une partie des éléments du
problème. Ce qui précède nous permet de dire que les
diverses opérations de taille offrent des avantages et
des inconvénients qui se compensent. En face de cette
incertitude, il est naturel de se demander quel est en
définitive le procédé qui permet de sauver le plus de
malades , car cette question de mortalité résume toutes celles qui ont été examinées jusqu'ici. Or elle ne
peut être tranchée que par les faits. Il est donc tout
simple d'en demander la solution à la statistique. Malheureusement les faits nous font défaut. Nous ne pos-
sédons que des statistiques partielles incomplètes. Est-il
nécessaire d'en rassembler les lambeaux épars? Plusieurs
ont essayé de le faire : tout récemment, M. le professeur Malgaigne, dans sa thèse si remarquable (*Parallèle
des diverses espèces de taille*), a examiné les chiffres
et discuté leur valeur avec toute l'autorité de son jugement. La conclusion à laquelle il arrive est que tout

est à refaire à ce point de vue, et qu'il est impossible de baser une opinion sur les résultats que la statistique peut fournir aujourd'hui. Il me paraît inutile de reprendre la discussion à ce sujet, je ne pourrais que mettre sous les yeux du lecteur les pièces du procès qu'il peut trouver ailleurs, et après l'étude desquelles on est forcément conduit à cette conclusion formulée par M. Malgaigne : « Maintenant y a-t-il un seul pro-« cédé de taille qui mette à l'abri de ces causes essen-« tielles de mort? Aucun, et cela nous donne la clé « de deux énigmes : la première, qui n'avait pas été « posée jusqu'ici, du rapprochement très-sensible de « la mortalité dans toutes les méthodes ; la seconde, « de cette sorte d'indifférence des chirurgiens qui, « après tant de débats, sont si loin d'être d'accord sur « le choix des procédés (1). » Dans un autre ouvrage, cet auteur est plus explicite encore : « Après avoir « beaucoup observé et beaucoup comparé d'observa-« tions, j'en suis arrivé à n'attribuer qu'une fort mince « influence aux procédés opératoires sur le résultat « des opérations de taille, en ce qui touche la vie ou « la mort des malades (2). »

Puisque la question ne peut être tranchée par la statistique, il y a lieu de chercher quels sont parmi les accidents primitifs ceux qui exposent le plus la vie des malades ; à défaut de l'expérience clinique, cet ordre

(1) MALGAIGNE. *Thèse* citée, page 59.
(2) MALGAIGNE. *Manuel de médecine opératoire*, page 691.

de considérations pourra nous guider. Cet examen me
permettra de dire s'il n'y a pas possibilité, en modifiant
les procédés, d'éviter quelques-uns de ces graves accidents. Je serais tout naturellement conduit de la sorte
à exposer les raisons qui m'ont fait imaginer celui que
je propose ; mais, auparavant, il me paraît plus convenable de passer en revue les accidents consécutifs de
l'opération de la taille, afin de pouvoir envisager la
question sous toutes ses faces à la fois.

ACCIDENTS CONSÉCUTIFS.

Lorsque l'on veut juger une méthode opératoire,
la comparer à d'autres qui atteignent le but par des
voies différentes, la première question que se pose le
chirurgien est celle de la mortalité. Quelle est la méthode qui permet de sauver le plus de malades ? Lorsque l'on peut répondre à cette question, le choix n'est
plus douteux. Mais si ce premier élément vient à man-
quer, le jugement sera dicté par d'autres considérations ; considérations d'un ordre secondaire, il est vrai,
mais qui n'en ont pas moins une très-grande importance. Ces remarques sont en tous points applicables
à l'opération de la taille. Du moment que l'on est obligé de convenir que la vie du sujet est à peu près également menacée, quelle que soit la méthode, le procédé
que l'on emploie, l'importance des suites éloignées de-

vient plus grande. Il ne suffit pas qu'un malade échappe
à la mort, il faut encore, si faire se peut, lui assurer
une existence supportable , et ménager l'intégrité des
fonctions. Ce point de vue réclame toute l'attention de
l'homme de l'art. Quand il s'agit des enfants surtout,
chez lesquels l'opération peut exercer une si grande
influence sur le développement physique et intellec-
tuel, ce point de vue acquiert une importance plus
grande encore. Les opérations lithotomiques peuvent en-
traîner des infirmités nombreuses, parmi lesquelles on
remarque l'incontinence d'urine, les fistules urinaires,
la lésion des organes générateurs et l'impuissance qui
en est la conséquence.

INCONTINENCE D'URINE.

L'incontinence d'urine est une infirmité dégoû-
tante qui survient exclusivement à la suite des tailles
périnéales. L'enfance y est surtout exposée. L'étroitesse
du col de la vessie, à cet âge de la vie, ne permet pas
une dilatation bien grande. Je crois inutile d'insister
sur les conséquences d'un pareil état de choses, sur
les incommodités et même les dangers qu'il entraîne.

FISTULES URINAIRES.

Les fistules urinaires ne se montrent qu'exceptionnellement à la suite de la taille hypogastrique, mais

elles sont souvent la suite des tailles périnéales. Les anciens lithotomistes, peu versés pour la plupart dans les connaissances anatomiques, voyaient fréquemment survenir cet accident. Les premiers sujets opérés par le frère Jacques, et qui restèrent en grand nombre porteurs de fistules, nous en fournissent la preuve. Après bien des années, l'étude de l'anatomie et l'usage du cathéter cannelé lui permirent d'éviter mieux cette complication. Il n'y a aucune comparaison à faire sous ce rapport entre la pratique des chirurgiens modernes et celle des lithotomistes anciens. Toutefois, l'on est loin d'avoir des renseignements précis sur la fréquence de cet accident. Scarpa, par exemple, soutient que, avec la taille latérale bien faite, on ne doit pas avoir plus de deux à trois fistuleux sur *cent* opérés. Les auteurs qui ont rappelé l'opinion de Scarpa ne l'ont pas fait sans insister sur son exagération. Cette question, comme bien d'autres, doit être et ne peut être tranchée que par les chiffres. Nous n'avons malheureusement pas de statistique faite à ce point de vue. Mon expérience est trop limitée pour que je hasarde une opinion d'après les faits que j'ai observés. Mais il résulte de mes impressions que les fistules, à la suite des tailles latérales, s'observent encore souvent, surtout chez les enfants. L'examen des conditions pathologiques dans lesquelles se trouve placé le petit malade, m'explique, du reste, assez la fréquence de cet accident. Ainsi, sans parler des difficultés de la manœuvre, je signalerai l'étroitesse de l'incision prostatique, et les tiraillements qu'exercent les calculs volumineux. J'ai précédemment eu occasion de dire combien l'hémorrhagie, en nécessitant l'emploi du tamponnement des hémostatiques, gênait le travail de la cicatrisation et favorisait la formation de fistules. Au total , et tout en regrettant de n'avoir pas, pour trancher cette question, des chiffres exacts, il est permis d'affirmer que la taille hypogastrique expose moins aux fistules urinaires que les tailles sous-pubiennes.

LÉSION DES FONCTIONS GÉNITALES.

« La taille hypogastrique, à l'exclusion de toutes les
« autres, met également à l'abri de l'impuissance des
« lésions dans l'éjaculation du sperme et des affections
« consécutives des testicules (1). Il m'a semblé que la plupart des auteurs n'accordaient pas à cet ordre d'accidents l'importance qu'ils méritent. Il est vrai que beaucoup de malades, connaissant bien la cause de leurs infirmités, se résignent et ne vont pas demander au médecin une guérison qu'ils n'ont pas à espérer. C'est une raison qui s'opposera longtemps à ce qu'on puisse dire dans quelle proportion cet accident se manifeste à la suite des tailles périnéales, mais ceci n'ôte rien à sa gravité.

(1) **MALGAIGNE** — *Thèse* citée. — Page 58.

La lésion des fonctions génératrices , regrettable chez l'adulte , acquiert chez l'enfant une importance capitale, car on sait l'influence que cette lésion exerce sur l'organisme tout entier. Ce n'est plus seulement une fonction dont l'intégrité est compromise, c'est toute l'économie dont le développement n'est pas achevé qui ressentira les fâcheux effets de cette mutilation. Depuis que je suis préoccupé de ces questions, j'ai fait des re- cherches pour m'éclairer par l'observation. J'ai pu étudier plusieurs individus qui avaient été taillés dans leur enfance : chez le plus grand nombre j'ai trouvé une constitution chétive, une intelligence débile comme le corps. Il est inutile de m'arrêter davantage sur ces considérations, dont on saisira bien vite toute l'impor- tance, pour peu que l'on veuille se rappeler que les sujets dont je m'occupe n'ont pas atteint l'âge de la puberté, et que la transformation, qui s'accomplit dans l'organisme à cette époque, peut être plus ou moins compromise par la lésion des organes de la généra- tion.

En résumé , cette revue que je viens de faire des avantages et des inconvénients inhérents aux différen- tes méthodes de taille, nous montre combien le pro- blème est difficile à résoudre. La question de mortalité, qui domine toutes les autres, ne saurait être tranchée. La statistique, nous l'avons déjà dit, ne peut nous éclai- rer sur ce point. Il y a donc lieu, à défaut d'une ap- préciation rigoureuse, d'en chercher une approximative. Or, parmi les accidents qui entraînent la mort des opérés , se trouvent en première ligne les infiltrations d'urine, les abcès diffus et la résorption purulente qui en sont la conséquence. Les péritonites sont plus rares, surtout chez l'enfant. L'inflammation de la vessie des reins s'observe exceptionnellement chez les petits calculeux. Au total , c'est l'infiltration urinaire qui constitue le principal et le plus terrible danger. Aucun procédé ne met à l'abri de ce redoutable accident. Mais il faut en convenir, la taille hypogastrique est peut-être l'opération qui y expose le plus. Aussi, aux yeux de la plupart des chirurgiens, cet inconvénient balance les avantages incontestables qu'elle présente d'ailleurs.

Au point de vue des accidents consécutifs, c'est-à-dire des infirmités qui peuvent suivre l'opération, la taille hypogastrique a sur les autres méthodes une supériorité incontestable. Ainsi, inférieure quand on envisage seulement les suites immédiates, elle présente des avantages considérables au chirurgien qui se préoccupe de l'avenir de son malade. C'est l'infiltration urinaire, je le répète à dessein, qui contrebalance les avantages nombreux qu'elle présente d'ailleurs. Qu'on supprime cet accident, toute hésitation disparaît. Le problème à résoudre consiste donc à trouver un moyen de prévenir l'infiltration. Il y a déjà longtemps, du reste, que la question a été posée en ces termes. Jusqu'ici elle n'a pas reçu de solution satisfaisante.

Vidal de Cassis, par sa taille en deux temps, a montré qu'il avait bien saisi les conditions à remplir, qu'il avait compris les difficultés, mais il ne les a pas surmontées : en d'autres termes, le problème est posé, mais il est encore à résoudre. Voici, du reste, comment M. Malgaigne apprécie l'état de la question : « Malgré « quelques essais dont les détails ne sont pas même « complétement connus, ce procédé ne peut jusqu'ici « être apprécié que comme idée. — L'idée d'obtenir « des adhérences entre la vessie et la plaie extérieure « est séduisante au premier abord, mais ne sera-t-elle « pas contrariée par l'ampliation et l'évacuation alter- « natives de ce viscère ; les pierres un peu volumi- « neuses ne déchirent-elles pas cette membrane inodu- « laire, etc. etc ? »

. . . .

« Cependant, il y a là un but important à atteindre, « et de pareilles recherches ont droit à être encoura- « gées ; j'attendrai donc les résultats de l'expérience et « je laisserai porter le jugement à l'avenir. » (1)

En effet, en quoi consistent les tentatives qui ont été faites pour résoudre la difficulté ? Vidal de Cassis a conseillé la taille en deux temps, — dans le premier, on incise la paroi abdominale jusqu'à la vessie, puis on laisse l'inflammation faire son œuvre et amener l'induration du tissu cellulaire. La vessie n'est ouverte que dans le second temps, les urines se trouvant en

(1) MALGAIGNE. — *Thèse* citée. — Page 72.

contact avec un tissu cellulaire induré par le travail inflammatoire, ne doivent pas avoir de tendance à s'infiltrer. Je ne crois pas que cette opération ait été faite sur le vivant, mais je crois pouvoir dire d'avance que l'expérimentation clinique ne lui serait pas favorable. De deux choses l'une, ou l'incision sera suffisante, c'est-à-dire ira jusqu'à la vessie et aura une étendue convenable, et, dans ce cas, on sera exposé à quelques-uns des dangers auxquels la taille hypogastrique expose : la lésion du péritoine, par exemple. En outre, l'inflammation appelée dans le tissu cellulaire sous-péritonéal, par l'instrument tranchant, pourra fort bien ne pas rester dans les limites convenables, par la raison que les inflammations qui accompagnent les opérations faites avec l'instrument tranchant , ne sont pas toujours modérées, circonscrites. Si le bistouri fait une incision trop petite et surtout trop peu profonde, il restera toujours une couche de tissu cellulaire à diviser, à décoller dans le second temps de l'opération, et l'infiltration urinaire aura autant de tendance à se faire qu'auparavant. Quant aux adhérences entre la vessie et la paroi abdominale , il n'y faut pas compter ; les mouvements d'ampliation et d'évacuation alternative du viscère s'opposeront toujours à ce qu'elles puissent se former dans les conditions que nous supposons. Enfin, pour peu que l'on ait observé la marche des plaies, on sait ce qu'il faut penser de l'induration du tissu cellulaire, produite par une inflammation aussi irrégulière, quant à l'intensité, que celle qui est le résultat d'une incision. Vidal a bien compris l'insuffisance de son procédé, aussi en a-t-il proposé un autre qui consiste à appliquer au préalable une pastille de potasse caustique sur le point de la région hypogastrique où la vessie doit être ouverte.

Il est à peine besoin de discuter la valeur de cette proposition ; pour peu que l'on ait l'habitude d'employer les caustiques, on verra bien vite que ce procédé serait complétement illusoire. Vous pouvez appliquer une pastille de potasse caustique et même en appliquer une seconde au fond de l'escarre produite par la première, vous n'irez jamais au delà du tissu cellulaire sous-cutané ; et encore n'est-il pas certain, pour peu que le sujet soit gras, que le tissu cellulaire sous-cutané soit intéressé dans toute son épaisseur. Quant au tissu cellulaire sous-péritonéal, il restera complétement étranger au travail phlegmatique qu'une cautérisation de ce genre pourra provoquer. Quelques observations d'abcès intrà-abdominaux, ouverts promptement à l'aide d'une ou deux cautérisations, sont de nature à donner le change et à faire croire que l'on peut atteindre promptement le tissu cellulaire profond ; mais il faut se garder de conclure de ces faits à la possibilité d'un semblable résultat. On ne saurait croire combien il est difficile de traverser la paroi abdominale au moyen des caustiques ; je parle, bien entendu, d'une paroi abdominale saine. Il est probable que peu de chirurgiens ont essayé de le faire, pour moi j'ai eu l'occasion de le tenter. J'ai eu à traiter une dame affectée d'un kyste intra-abdominal, situé au niveau de la région épigastrique. Ce cas était fort embarrassant, soit au point de vue du diagnostic, soit au point de vue du traitement. La tumeur était volumineuse, mais libre d'adhérences avec la paroi abdominale. Je vis la malade plusieurs fois avec M. Bonnet, et je me décidai, avec l'assentiment du savant professeur, à la fixer d'abord, c'est-à-dire à faire naître des adhérences entre elle et la paroi abdominale. La cautérisation m'offrait un moyen précieux et sur l'innocuité duquel je suis habitué à compter. Je fis une première application de potasse caustique, puis une seconde au fond de l'escarre que je fendis ; puis je fis successivement, en employant le même procédé, neuf applications de pâte de chlorure de zinc, en tout onze cautérisations. A la dernière application, j'avais sous les yeux un canal de 6 à 7 centimètres de profondeur, et cependant la tumeur était seulement atteinte, car à la chute de l'escarre, je pus reconnaître qu'elle avait contracté des adhérences avec l'abdomen, mais le kyste n'était pas ouvert. Nous nous demandâmes même à ce moment si nous n'avions pas affaire à une tumeur solide, dans le tissu de laquelle le caustique avait pénétré ; mais une ponction exploratrice pratiquée avec un troquard capillaire fit disparaître toute incertitude. En somme, il m'avait fallu onze applications de caustique, faites coup sur coup en fendant successivement les escarres avec le bistouri, pour traverser la paroi abdominale. Cette profondeur de 6 centimètres, que m'offrait le trou ainsi pratiqué, paraît bien extraordinaire, car les parois abdominales n'avaient pas cette épaisseur. Ceci tient à ce que les tissus se gonflent sous l'influence de la cautérisation. Il y a là une cause d'erreur qu'il faut savoir éviter.

Au moment où j'écris ces lignes, j'ai dans l'une de mes salles une jeune fille de 12 ans, qui est entrée pour une tumeur de la région cervicale qui m'a paru être un kyste développé dans la glande thyroïde (goître cystique). Une ponction exploratrice a confirmé ce diagnostic et m'a montré, en outre, que l'épaisseur des tissus à traverser pour arriver dans la cavité du kyste était de 1 centimètre 1/2 à deux centimètres à peu près. J'ai attaqué la tumeur au moyen de la cautérisation ; j'ai fait deux applications successives de potasse caustique et 4 applications de chlorure de zinc. Le kyste n'a été ouvert qu'après cette sixième cautérisation ; le canal ainsi creusé, des téguments à la cavité du kyste, avait au moins 3 centimètres 1/2 de profondeur ; en d'autres termes, l'épaisseur des couches traversées semblait avoir augmenté. Ceci ne peut s'expliquer que par le gonflement des tissus sous l'influence de la cautérisation.

En résumé, et j'en appelle à ceux qui sont familiarisés avec l'usage des caustiques, en résumé, dis-je, les caustiques agissent, en général, peu profondément ; ils ont beaucoup plus de tendance à agir en surface, surtout lorsqu'ils ont à traverser des tissus aponévrotiques. Les plans fibreux semblent constituer une véritable barrière contre leur action. Cette digression était nécessaire pour faire apprécier la valeur de la proposition de Vidal de Cassis. Ces détails ne seront pas inutiles, du reste, pour l'intelligence de ce qui va suivre.

DESCRIPTION DE LA NOUVELLE OPÉRATION.

Voici maintenant l'opération, au moyen de laquelle j'ai résolu le problème. — Elle consiste : 1° à faire naître des adhérences entre la vessie et la paroi abdominale ; 2° à arriver sur cet organe, au moyen de la cautérisation ; 3° à procéder, enfin, à l'extraction du calcul, lorsque ces deux conditions ont été remplies ; pour simplifier les choses, j'admettrai dans la description deux temps principaux :

1° Dans le premier, on arrive jusque sur la vessie ; 2° dans le second, on procède à l'extraction du calcul.

Les instruments nécessaires sont :

1° Une sonde à dard, qui diffère peu de la sonde à dard ordinaire. Elle présente, toutefois, cette particularité que le dard est percé, à 2 centimètres environ de sa pointe, d'une petite ouverture ou chas pour le passage d'un fil de platine d'un très-petit calibre (1).

2° Des bistouris ordinaires, pinces, sonde cannelée, etc. Ceci posé, on procède à l'opération de la manière suivante :

Le petit malade étant placé dans une position convenable et soumis à l'action des anesthésiques, le chirurgien, placé à sa gauche, pratique sur la ligne médiane une incision de 5 centimètres environ, à partir du pubis. Le bistouri divise successivement tous les tissus jusqu'aux muscles grands droits. Ceux-ci sont écartés légèrement avec la sonde cannelée, mais il faut procéder avec beaucoup de ménagement ; je crois même plus prudent de se borner à découvrir l'interligne musculaire.

On introduit alors la sonde dans la vessie, et par un mouvement de bascule facile à exécuter, on porte la pointe de l'instrument sur la ligne médiane à 4 ou 5 centimètres au-dessus du pubis. Il est facile de sentir à travers les parties molles, et en portant le doigt au fond de la plaie, il est très-facile, dis-je, de sentir l'instrument et de s'assurer de sa position. La sonde étant maintenue, un aide pousse le dard qui vient faire

---

(1) Il importe que ce fil soit fin; trop résistant, il deviendrait la source de complications dans l'exécution de l'opération. — Il faut le choisir aussi délié que le permet le but que l'on cherche à remplir. Il est bien entendu que ce fil doit présenter une certaine résistance pour soutenir la vessie. Du reste, en exécutant l'opération sur le cadavre, on trouvera facilement le point de finesse auquel il faut s'arrêter

saillie au fond de la plaie, en traversant la vessie et toutes les parties molles qui la séparent du fond de l'incision.

Ceci fait, on passe rapidement un fil dans le chas que présente le dard et on le fait rentrer dans la sonde. Ce fil est nécessairement entraîné dans la cavité de celle-ci ; on porte alors l'extrémité de l'instrument à deux ou trois centimètres au-dessous du point précédent, à un ou deux centimètres par conséquent au-dessus du pubis ; puis le dard est poussé de nouveau, de façon à traverser une seconde fois la vessie. Le fil reparaît avec le dard. On tire sur l'anse que l'on coupe, puis on fait rentrer le dard dans la sonde, qui est alors retirée de la vessie. Les diverses manœuvres sont faciles à exécuter. Si on a bien saisi ce qui vient d'être fait, on voit que le résultat a été de passer dans la vessie un fil double qui la soulève et la retient en avant. Dès à présent la poche urinaire peut être fixée contre la paroi abdominale ; les mouvements d'empliation et d'évacuation peuvent se faire, la vessie sera toujours retenue en avant par l'anse de fil dont les deux extrémités sont au dehors. Ceci fait, on place au fond de la plaie et sur la ligne médiane une bandelette de pâte de chlorure de zinc, de un centimètre 1/2 de longueur, et de deux à trois millimètres de largeur. Du coton est placé tout autour et par-dessus la pâte. Les deux extrémités du fil sont ensuite ramenées l'une vers l'autre, le bout supérieur est abaissé vers le pubis et, l'inférieur relevé en haut, une compresse et une bande maintiennent le tout ; le caustique ne peut plus se déplacer, la première partie de l'opération est achevée. Avant d'aller plus loin dans la description, examinons ce qui va se passer. La vessie est retenue et appliquée contre la *fascia transversalis*. Le chlorure de zinc n'est donc séparé d'elle que par une épaisseur de tissus peu considérable. Je n'ai pas besoin de faire remarquer que le résultat de son action sera double, les tissus seront détruits dans une certaine étendue ; mais indépendamment de cette action que j'appellerai chimique, il y en a une autre qui s'exercera plus loin, c'est l'inflammation qui amène des adhérences, et l'induration du tissu cellulaire ambiant.

Je reviens à l'opération. — La pâte de chlorure de zinc est enlevée vingt-quatre heures après son application. On incise l'escarre avec précaution, sans aller *jusqu'au vif*, ceci est important, et on applique au fond de cette incision une nouvelle couche de pâte de chlorure de zinc, ayant des dimensions un peu moindres que la première fois ; l'important est d'agir en profondeur.

Il pourrait du reste se faire que cette incision de l'escarre aille jusqu'à la vessie, elle pourrait à la rigueur l'ouvrir, ce dont on serait immédiatement averti par la sortie de l'urine. Il faut donc être prêt à pratiquer le second temps de l'opération, je veux parler de l'extraction du calcul ; ceci n'arrivera jamais après une première application de caustique ; cômbien en faut-il faire pour arriver à ce résultat? je ne saurai le dire d'avance (1). Il est probable qu'on observera des variations à cet égard ; mais ceci est d'unè importance secondaire; il suffit de savoir que l'on ne peut pas s'égarer et qu'on arrive toujours pourvu que l'on procède avec prudence. La seule chose à faire, c'est d'inciser l'escarre avec précaution, de façon à y creuser une gouttière, dans le fond de laquelle on applique une nouvelle quantité de chlorure de zinc, et avec l'attention de placer par-dessus un peu de coton cardé, et de le maintenir à l'aide d'une compression modérée. On limite ainsi l'action du caustique, ou plutôt on la dirige, qu'on me passe cette expression, c'est-à-dire que le caustique attaque les parties profondes. On pourrait répéter indéfiniment ces applications ; on poursuit jusqu'au moment où la pointe du bistouri qui incise l'escarre arrive sur la vessie, le plus souvent l'issue de l'urine avertira que cet organe vient d'être ouvert.

2° *Temps*. — EXTRACTION DU CALCUL.

Le malade étant de nouveau placé dans une situation convenable, on introduit la sonde à dard dans la vessie. Comme la poche urinaire est ouverte dans

(1) J'estime qu'il faut au moins quatre ou cinq applications de caustique, faites avec la précaution d'inciser l'escarre chaque fois pour arriver à la vessie.

un point, il est facile de faire passer le bec de la sonde par cette ouverture qui, jusqu'à présent n'est pas grande, mais qui cependant est facile à trouver, d'autant, que les fils peuvent servir de guide et indiquent le point précis où l'ouverture vésicale est placée. Lorsque le bec de la sonde arrive au dehors, on engage dans l'orifice qu'il présente la pointe d'un lithotome caché, et par un mouvement combiné et facile à comprendre, on retire la sonde de la vessie, et on y fait pénétrer le lithotome. Il suffit, dès lors, pour agrandir la plaie vésicale, de retirer l'instrument ouvert, avec la précaution de le tenir de façon à ce que le tranchant de la lame soit dirigé du côté du pubis. On a alors une ouverture suffisante pour laisser passer le doigt qui reconnaît la présence du calcul, et apprécie si l'ouverture est assez grande pour le laisser passer. Dans le cas où l'on jugerait que cette ouverture est trop petite, on ferait glisser le long du doigt la lame d'un bistouri boutonné, et on pratiquerait un petit débridement en haut sur la ligne médiane, ou même sur les parties latérales, de façon à élargir la boutonnière. Je n'ai rien à dire de l'introduction du gorgeret, des tenettes et de l'extraction du calcul en elle-même; on ne saurait procéder autrement pour cette partie de l'opération qu'on a l'habitude de le faire dans la taille hypogastrique pratiquée suivant la méthode ordinaire.

En résumé, mon opération est facile à pratiquer; le programme à remplir est celui-ci :

1° Incision de la paroi abdominale, comme dans le procédé ordinaire, mais avec la précaution de ne pas dépasser les muscles droits que l'on écarte l'un de l'autre ;

2° Introduction de la sonde à dard dans la vessie ; issue du dard entre les muscles droits, à *trois* ou *quatre* centimètres au dessus de la symphyse ;

3° On passe le fil dans le chas du dard, on fait rentrer celui-ci dans la sonde pour traverser de nouveau la vessie à deux centimètres environ au-dessous de la première piqûre ;

4° On dégage le fil, on fait rentrer le dard et on retire la sonde ;

5° On applique le caustique au fond de la plaie, avec les précautions indiquées plus haut.

6° Le surlendemain on enlève la pâte de chlorure de zinc. On incise l'escarré avec précaution et de façon à ne pas atteindre le vif. On applique du caustique, et ainsi de suite jusqu'à ce que l'on soit arrivé à la vessie;

7° Lorsque l'on est arrivé sur la poche urinaire, et que celle-ci est ouverte, on introduit de nouveau la sonde, on en fait sortir le bec par l'ouverture (1);

---

(1) Ce temps constitue la seule difficulté que présente l'opération. — On a quelquefois de la peine à engager l'extrémité de l'instrument dans cette ouverture, mais ce qui est facile, c'est de faire saillir l'instrument au fond de la plaie ; un coup de bistouri trace la voie. — On pourrait encore, pour se guider, faire saillir le dard au fond de la gouttière creusée dans l'escarre.

8° On introduit le lithotome dans la vessie en reti-
rant la sonde;

9° On débride avec le lithotome d'abord, puis avec
le bistouri boutonné, s'il en est besoin ;

10° On introduit le gorgeret, les tenettes et on extrait le calcul.

Telle est l'opération que j'ai conçue. Avant de dire
comment l'expérimentation a répondu à mes espérances, il est peut-être bon d'examiner les objections
que cette opération ne manquera pas de faire naître
dans l'esprit de ceux qui liront ces lignes. Ces objections se sont présentées à mon esprit, il n'est pas inutile de dire comment j'y ai répondu.

Lésion du péritoine. — La lésion du péritoine constitue un des plus grands accidents auxquels expose la
taille hypogastrique pratiquée suivant les procédés ordinaires. Or, cet écueil n'est-il pas plus à redouter dans
une opération où le dard sort de la vessie, en quelque
sorte en aveugle ? Dans la taille ordinaire, une dissection
prudente et minutieuse permet d'éviter la séreuse, de
la décoller, de la refouler en haut, et finalement d'é-
viter le danger. Cette objection est très-sérieuse et m'a
longtemps fait hésiter. Je pense toutefois que les détails
qui suivent sont de nature à rassurer le lecteur sur ce
point. Avant de pratiquer sur le vivant l'opération que
j'ai décrite plus haut, j'ai dû rechercher jusqu'à quel
point on était exposé à léser le péritoine. Cette question revient à celle-ci : Jusqu'où descend la séreuse

abdominale? Quelles sont les limites du côté de la vessie et du pubis? question qui paraîtra oiseuse, peut-
être, au premier abord, et à laquelle cependant peu de
personnes seraient en mesure de répondre d'une manière satisfaisante. Je vais même plus loin, et je dis
que je n'ai trouvé nulle part indiqués d'une manière
nette et précise les rapports du péritoine et de la vessie.
Le traité si estimé et si digne de l'être, de M. Cruveilhier, nous donne du peritoine la description suivante :

. . . .

« Le péritoine plonge ensuite dans l'excavation du
« bassin où il rencontre la vessie; là il ne s'enfonce
« pas entre la symphyse du pubis et la face antérieure
« de cet organe ; mais retenu et comme détourné par
« l'ouraque, il revêt la face postérieure du sommet
« de la vessie, la région postérieure et les régions
« latérales du même organe, et se comporte d'une ma-
« nière un peu différente, suivant l'état de plénitude
« ou suivant l'état de vacuité de la vessie. Quand la
« vessie est revenue sur elle-même, *le péritoine des-
« cend jusque derrière la symphyse;* quand, au con-
« traire, la vessie dilatée s'élève dans l'abdomen, le
« péritoine refoulé fuit devant elle, et la vessie vient
« répondre immédiatement à la paroi antérieure de
« l'abdomen, circonstance qui la rend accessible aux
« moyens chirurgicaux sans lésion du péritoine (1). »

(1) CRUVEILHIER. — *Traité d'anatomie*, tome 8, page 740.

Cette disposition existe-t-elle chez l'adulte et le vieillard ? je ne le sais ; mes recherches n'ont été faites que sur des cadavres de jeunes sujets ; mais il est certain que pour ce qui concerne ces derniers, cette description du péritoine n'est pas exacte. Voici le résultat de ces recherches faites sur des sujets de 3 à 16 ans. Quel que soit l'état dans lequel on examine la vessie, qu'elle soit vide ou remplie de liquide, jamais le péritoine ne descend vers la symphyse du pubis. Toujours dans l'état de vacuité, et à plus forte raison lorsque la vessie est distendue, le péritoine s'arrête à trois centimètres au moins du rebord supérieur du pubis.

Le procédé suivant m'a permis d'arriver à cette évaluation d'une manière rigoureuse, je crois ; la vessie étant vidée au moyen de la sonde, j'exerce de fortes pressions sur l'abdomen pour chasser l'urine qui ne s'est pas écoulée et pour refouler le péritoine le plus bas possible. J'ouvre ensuite l'abdomen au moyen d'une incision transversale faite au niveau de l'ombilic et descendant obliquement de chaque côté, de manière à pouvoir renverser la paroi abdominale sur le pubis. A ce moment, le cul-de-sac péritonéal se montre à découvert ; j'enfonce une épingle perpendiculairement à l'angle que forme le péritoine en passant sur la vessie, et toujours le lieu où s'implante l'épingle est distant de trois centimètres du pubis. Je fais la contre-épreuve après avoir vidé complétement la vessie, comme dans l'expérience précédente, j'enfonce sur la ligne médiane un bistouri à la hauteur de deux centimètres et demi de la symphyse. J'ouvre l'abdomen, et toujours j'ai trouvé que, pénétrant à cette distance, le bistouri ne rencontrait pas la séreuse. Ces expériences, répétées un grand nombre de fois, n'ont laissé aucun doute dans mon esprit. Ces recherches anatomiques ont une certaine importance, elles éclairent le chirurgien sur le danger que l'on a de rencontrer le péritoine lorsque l'on pratique la taille à cet âge de la vie. On a une latitude d'au moins trois centimètres, et cette limite peut être poussée plus loin. L'injection modérée d'un liquide dans la vessie, au moment de l'opération, refoule encore le péritoine. Le chirurgien peut donc éviter la séreuse d'une manière à peu près certaine, et ce que je viens d'écrire pourra peut-être rassurer sur ce point. En ce qui me concerne, je ne redoute guère la lésion péritonéale. Je la regarde comme fort peu dangereuse, *pourvu que l'on procède avec les précautions que j'ai indiquées*. J'ai hâte de justifier une proposition qui sera condamnée, je le sais, comme une grave hérésie par bien des chirurgiens. Aussi, je prie le lecteur de me suivre jusqu'au bout et de ne pas juger avant de m'avoir entendu. Dans les opérations qui se pratiquent habituellement sur l'abdomen ou dans ses environs, partout enfin où le péritoine peut être lésé, la blessure de la séreuse constitue une complication redoutable. La gravité d'une opération de hernie étranglée tient en grande partie à la lésion péritonéale. Dans la taille hypogastrique faite suivant les procédés ordinaires, si le péritoine se trouve par malheur intéressé, le malade est, pour ainsi dire, fatalement voué à la mort. L'opération, grave par elle-même, vient encore se compliquer d'un nouveau danger plus sérieux encore, d'une plaie pénétrante de l'abdomen, d'épanchements urinaires dans la cavité péritonéale. Devant un tableau si sombre, les chirurgiens ont raison de redouter la blessure du péritoine. On ne me prêtera donc pas la pensée de vouloir nier la gravité extrême d'une semblable lésion. Mais avec la cautérisation, nous ne sommes plus placés dans les mêmes conditions. Un des effets de la cautérisation est de déterminer tout autour des points où le caustique agit, une inflammation essentiellement adhésive. La nature établit en quelque sorte une barrière ; elle circonscrit le mal, et au total le péritoine est traversé sans que la cavité abdominale soit ouverte ; en d'autres termes, il n'y a pas là plaie pénétrante. Je sais bien que l'on peut me dire que le dard traverse le péritoine, avant que le caustique ait pu agir. Mais il faut aller au fond des choses et ne pas disputer sur les mots. Sans aucun doute, cette lésion du péritoine par une aiguille aurait ses dangers, si on abandonnait les choses à elles-mêmes, mais le caustique est immédiatement appliqué, la modification qu'il imprime à la vitalité des tissus se fait immédiatement sentir. Le petit canal creusé par l'aiguille, et sur l'orifice duquel on met d'ailleurs du chlorure de zinc, n'est-il pas soumis à l'action de l'agent chimique? Au total, *a priori*, je comptais sur ces adhérences du péritoine, en supposant qu'il fût traversé dans l'opération.

Les raisons que je viens de donner ne paraîtront peut-être pas suffisantes à bien des chirurgiens. Aussi je m'empresse d'ajouter que l'expérimentation, et une expérimentation déjà étendue, m'a rassuré complétement sur ce point. J'ai eu occasion de pratiquer *trente-sept* fois mon procédé de la cure radicale de la hernie inguinale, et jamais je n'ai eu à combattre le moindre accident. Dans ce procédé, le péritoine est nécessairement traversé par une aiguille dont le diamètre varie de deux à quatre millimètres. Elle reste en place plusieurs jours, mais les choses sont disposées de façon que les tissus traversés sont immédiatement soumis à l'action du chlorure de zinc (1). Eh bien ! non-seulement je n'ai jamais eu à combattre d'accident, mais encore les suites de l'opération ont toujours marché avec une simplicité remarquable, et qui a toujours surpris les personnes qui, peu familiarisées avec l'action des caustiques, voyaient ces faits pour la première fois. Suis-je en droit de conclure de ces faits que la lésion du péritoine sera toujours innocente? — Logiquement non. — J'accorde que ces observations, dont le nombre a déjà une certaine valeur cependant, ne

____

(1) **VALETTE.** — *De la cure radicale des hernies inguinales et d'un nouveau moyen de l'obtenir.*

sont pas encore assez nombreuses pour autoriser cette conclusion ; seulement elles suffisent, ce me semble, pour justifier la tentative nouvelle que j'ai faite. Du reste, la conviction que j'ai que les plaies produites par une cautérisation bien faite, c'est-à-dire pratiquée avec certains caustiques, jouissent d'une très-grande innocuité, que, sous le rapport des suites qu'elles entraînent, elles ne sauraient être comparées aux plaies produites par l'instrument tranchant ; cette conviction, dis-je, ne repose pas seulement sur les faits dont je viens de parler, mais sur un nombre très-considérable d'observations. Je ne puis entrer plus avant dans une discussion qui m'éloignerait de mon sujet. Ces quelques lignes suffisent à mon sens, sinon pour convaincre complétement le lecteur, du moins pour l'engager à observer sans prévention.

En résumé, il faut chercher à éviter le péritoine. Les indications précises que j'ai données sur la configuration de la séreuse vers la région hypogastrique ne doivent pas être oubliées. Au premier abord il semble que l'on soit beaucoup plus exposé à l'atteindre avec mon procédé que lorsqu'on pratique la taille hypogastrique ordinaire. Si l'on expérimente sur le cadavre, cela est vrai. — Les choses changent sur le vivant pour deux raisons : et d'abord, parce que sur le cadavre on n'a pas de suintement sanguin et que les tissus se montrent avec leur aspect particulier, leur coloration qui ne permet pas de les confondre, et ensuite parce que sur le vivant, dès que la paroi abdominale est affaiblie en bas par l'incision, les intestins pressés par les contractions abdominales, les mouvements du malade, etc. tendent à se porter vers cette ouverture et chassent le péritoine qu'ils portent, en quelque sorte, au-devant du bistouri. Dans le cas où le péritoine serait intéressé par mon aiguille, je suis tranquille sur les résultats qui en seraient la conséquence, non pas parce que cette lésion serait peu étendue, *ne serait qu'une piqûre*, mais surtout parce que l'application du caustique, faite immédiatement, modifiera complétement la vitalité des tissus, et produira des phénomènes pathologiques sur lesquels je ne veux pas revenir, mais dont le caractère le plus saillant est, je ne saurais trop le répéter, l'innocuité.

BLESSURE DE L'INTESTIN.

Est-on exposé à blesser l'intestin en suivant le procédé que j'ai décrit? J'avoue que je n'aurais pas songé à prévoir cette objection, si elle ne m'eût été faite par quelques-unes des personnes avec lesquelles je me suis entretenu de la question de la taille.

Les intestins sont beaucoup plus éloignés de la symphyse pubienne qu'on ne le croit généralement. On a vu plus haut quelle était la disposition du péritoine et ses rapports avec le pubis ; eh bien ! l'intestin ne descend pas jusqu'au fond du cul-de-sac péritonéal. Les deux feuillets de la sereuse, le feuillet abdominal et le feuillet qui se réfléchit sur la vessie sont en contact dans une certaine étendue ; chez les enfants de trois à quinze ans, elle est toujours de trois centimètres au moins. Ainsi le péritoine n'existe pas au-dessus de la symphyse pubienne dans une étendue de trois centimètres environ, et l'intestin ne descend jamais au-dessous de six centimètres de cette symphyse. Lorsque la vessie est distendue, l'intestin peut être refoulé en haut et, par conséquent, la distance est plus grande encore. Ainsi donc l'anatomie nous rassure complétement sur l'éventualité d'un semblable accident. Il en serait autrement qu'il serait aisé de l'éviter : lorsque l'on est sur le point de faire saillir le dard, on sent très-facilement l'extrémité de la sonde au fond de la plaie. On peut s'assurer directement de sa bonne position, et quelques pressions exercées de bas en haut rendraient tout à fait impossible une lésion semblable.

Il me reste enfin à répondre à une dernière objection qui, au premier abord, paraît plus sérieuse, mais qui ne résistera pas à l'expérimentation. Vous voulez pénétrer, me dira-t-on, jusqu'à la vessie avec le caustique ? — Fort bien. — J'admets ce que vous avancez ; cet organe a contracté des adhérences avec la paroi abdominale, il est intéressé par le caustique dans un point, puisque c'est à travers une escarre que vous arrivez dans sa cavité ; mais l'emploi du lithotome, et les débridements que vous êtes quelquefois dans la nécessité de faire, ne vous exposeront-ils pas à aller au delà de l'escarre et même au delà des adhérences, et alors ne pouvez-vous pas retomber dans les inconvénients de la taille hypogastrique par le procédé ordinaire, à laquelle on reproche avec raison d'exposer à l'infiltration urinaire ? L'expérience fera un jour, je l'espère, la meilleure réponse à cette objection ; toutefois, il faut bien le remarquer, on ne peut exiger encore une réponse expérimentale, qu'on me passe cette expression. Je n'insisterais pas davantage sur ce point, si ce n'était chose habituelle que de rencontrer ces fins de non-recevoir. Avant de demander à la clinique une démonstration, il faut préalablement résoudre théoriquement la question et voir si les indications sur lesquelles on se fonde sont rationnelles, si les données chirurgicales sont acceptables ; dans tous les cas, il n'est permis de réfuter ces raisons que par d'autres tirées des mêmes sources. Il serait sans doute très-convenable, pour être complétement rassuré, de pouvoir préciser dans quelle étendue se feront les adhérences, de pouvoir préciser jusqu'où le bistouri pourrait aller dans le tissu cellulaire ambiant ; mais jusqu'à ce que, je le répète, l'expérience ait prononcé, il faut nous contenter des raisons tirées de l'analogie. Or, j'ai été rassuré par les motifs suivants :

1º L'escarre a déjà des dimensions fort raisonnables, et dans le plus grand nombre des cas on ne sera pas obligé de dépasser ses limites ; or, c'est là une condition facile à remplir. En second lieu, si les choses se passent ici comme ailleurs, il n'y a pas de raisons pour soutenir qu'il en est autrement ; les adhérences et l'induration du tissu cellulaire ambiant se produiront dans une zone qui sera au moins aussi considérable que l'escarre. — Jamais les incisions ne devront aller jusque-là. On m'a encore adressé d'autres objections ; ainsi l'on a craint que la vessie, ainsi fixée à la paroi abdominale antérieure, ne pût plus remplir ses fonctions, ou tout au moins que la présence du fil ne devint la cause d'accidents plus ou moins sérieux ; mais il a suffi d'un fait pour me rassurer complétement sur ce point. A présent que mon opération a soutenu l'épreuve clinique, toutes les craintes, que l'on pouvait *a priori* concevoir sur la possibilité de son exécution, doivent tomber. — Il ne me reste donc qu'à faire connaître l'histoire des malades sur lesquels j'ai pratiqué mon opération.

OBSERVATION I. — Cette observation est la dernière que j'ai recueillie, je la place ici parce que, sur ce malade, a été appliqué le procédé tel que je l'ai décrit. — Chez les autres sujets, l'opération a été la même, sauf quelques nuances dans le manuel opératoire qui a dû nécessairement subir quelques légères modifications dont la pratique montrait l'utilité. Cette interversion me permettra d'éviter les répétitions.

Salle Saint-Philippe, n° 14. — Michel Dremieu, âgé de sept ans, né et demeurant à Ars (Ain), entré à l'hôpital de la Charité, le 26 novembre 1857. Ce malade éprouve depuis plusieurs années de vives douleurs au périnée et dans la région hypogastrique ; il était déjà entré dans nos salles [il y a deux ans, et nous avions, à cette époque, constaté la présence d'un calcul dans la vessie. Les parents ne voulurent jamais consentir à ce qu'une opération fût pratiquée. Aujourd'hui le jeune Dremieu est dans un état déplorable. Les douleurs sont si vives et si incessantes qu'il est courbé en deux, les mains crispées sur la région périnéenne. — Les urines s'écoulent involontairement ; il en est de même des matières fécales. — Le malade est amaigri et comme hébété par les souffrances. — Je m'assure de nouveau de la présence du calcul.

Le 30 novembre, je procède à l'opération. Le malade est soumis à l'action de l'éther, et une incision de cinq à six centimètres est pratiquée sur la ligne médiane et à partir de la symphyse pubienne, elle comprend la peau et le tissu cellulaire sous-cutané. La sonde à dard est introduite dans la vessie, dans laquelle j'ai, au préalable, rapidement pratiqué une injection d'eau tiède. Il m'est très-facile en portant le doigt au fond de la plaie, et en manœuvrant la sonde d'une certaine façon, de sentir son extrémité vésicale à travers les parties molles. — Je la maintiens à environ trois centimètres au-dessus du pubis. — Un aide pousse le dard qui se montre bientôt. — Un fil de platine bien décapé est passé rapidement dans le chas du dard. — Celui-ci rentré dans la sonde dont je porte l'extrémité à deux centimètres environ au-dessous du point précédent et en cherchant toujours à la maintenir sur la ligne médiane, le dard est poussé de nouveau et traverse une seconde fois la vessie et la paroi abdominale. L'aide saisit l'anse de fil avec des pinces et l'attire au dehors, puis le coupe pour que le dard puisse rentrer dans la sonde qui est alors retirée de la vessie. — La manœuvre que je viens de décrire a eu pour résultat de passer dans la vessie une anse de fil double, au moyen de laquelle on peut soulever la paroi antérieure de cet organe et la tenir appliquée contre la face postérieure de la paroi abdominale.

Un morceau de pâte de chlorure de zinc (sparadrap caustique eu usage dans nos hôpitaux et qui a une épaisseur de deux millimètres environ) de huit millimètres de longueur et de trois de largeur est placé au fond de la plaie sur la ligne médiane. — Du coton placé tout autour le maintient en place. — Les deux extrémités des fils sont portées l'une vers l'autre et entrelacées. Une compresse et une bande convenablement serrées maintiennent le tout en place. — La première partie de l'opération est alors achevée.

La journée est tranquille. — Le pouls à 80. — La nuit est assez bonne. — Le malade ne paraît pas souffrir beaucoup.

1er décembre, même état ; le caustique est enlevé ; l'escarre est fendue avec précaution ; les deux fils de platine qui marquent les points où la vessie a été traversée servent de guide au bistouri, avec lequel je creuse une gouttière dans l'escarre. — Deuxième application de pâte de chlorure de zinc. — Les mêmes précautions sont prises pour la maintenir en place.

2, le malade est dans un état très-satisfaisant ; pas de fièvre ; le ventre est souple et indolent, pourvu que l'on s'éloigne un peu de la plaie de l'hypogastre ; je répète la même application que la veille, par conséquent troisième application de caustique.

3, état toujours très-satisfaisant ; quatrième application de chlorure de zinc faite avec les mêmes précautions.

4, l'urine me paraît suinter au fond de la gouttière creusée dans les couches mortifiées ; le moment me paraît convenable pour pénétrer dans la vessie.

La sonde est introduite. Il m'est facile d'en sentir l'extrémité en portant le doigt au fond de la plaie. La pointe du bistouri, portée au fond de l'escarre, fait bientôt une ouverture dans laquelle cette extrémité s'engage ; la pointe d'un lithotome est engagée dans l'ouverture que la sonde présente, puis, par un mouvement combiné, je fais pénétrer le lithotome dans la vessie en même temps que j'en retire la sonde. L'instrument est tenu perpendiculairement et de façon à ce que le dos appuie sur l'angle supérieur de la plaie ; la lame est dirigée du côté du pubis ; je le retire ouvert avec un écartement de 24 millimètres environ.

L'indicateur gauche est introduit dans la vessie ; un bistouri boutonné et glissé le long du doigt ; je fais à droite et à gauche une petite incision de 1 millimètre environ. Ces deux petits débridements, que je ne puis mieux comparer qu'à ceux que l'on exécute sur les anneaux fibreux dans le cas de hernie étranglée, n'intéressent qu'une partie des tissus atteints par le caustique, mais ils suffisent pour me donner du large et me permettre de manœuvrer avec facilité.

Le gorgeret est ensuite glissé le long du doigt, puis les tenettes, le calcul, en un mot, est saisi et extrait avec les précautions en usage dans la taille hypogastrique pratiquée suivant les procédés connus.

La journée se passe bien ; les urines sortent librement par la plaie ; le soir, la face est un peu injectée ; le pouls est à 100 ; le ventre est un peu tendu ; le malade a une selle qui le soulage beaucoup ; la nuit est bonne ; le sommeil paisible.

5, pouls à 90 ; facies bon : ventre souple et indolent. — Le soir, il y a un peu d'accélération dans le pouls.

6 décembre j'administre 20 centigrammes de sulfate de quinine.

Le malade a un peu de fièvre; il s'est enrhumé; il tousse. A l'auscultation, je constate l'existence de quelques râles muqueux. La plaie marche, du reste, assez bien; l'escarre commence à se détacher.

Indépendamment du sulfate de quinine qui est continué, je fais prendre au malade la potion suivante :

Eau de tilleul, 120 grammes;

Teinture d'aconit, 20 gouttes;

Extrait gommeux d'opium, 3 centigrammes;

Sirop de violettes, 30 grammes.

7, la toux augmente; pouls à 110. Looch avec oxyde blanc d'antimoine, 1 gramme.

8, l'état du malade s'améliore; la plaie va trèsbien; elle se rétrécit. Les urines passent en partie par le canal et en partie par la plaie.

A dater de ce jour, les choses marchent franchement vers la guérison; la plaie diminue de jour en jour et finit par être complétement cicatrisée au commencement de janvier.

Depuis le 20 décembre, les urines sortent entièrement par le canal.

L'incontinence d'urine qui existait depuis plusieurs années a disparu, et le malade n'urine que trois à quatre fois dans les 24 heures.

Je garde le malade à l'Hospice jusqu'au 1er mars, afin de poursuivre l'observation aussi loin que possible.

Au physique et au moral, cet enfant est complétement transformé ; les fonctions urinaires s'accomplissent avec la plus grande facilité et comme chez un individu bien portant. — Non-seulement la vessie garde très-bien ses urines, mais encore elle s'en débarrasse complétement lorsque le malade se livre à la miction. Je m'en suis assuré plusieurs fois en faisant uriner le malade devant moi, et en pratiquant immédiatement après le cathétérisme.

Malgré la complication que j'ai eue à combattre, les suites immédiates de l'opération ont été fort simples. Je n'ai pas à revenir sur le résultat définitif, qui a été aussi satisfaisant qu'on puisse le désirer. Cette observation n'a pas fait ressortir l'innocuité de la présence des fils dans la vessie sur les fonctions de cet organe, car il existait chez cet enfant, depuis longtemps, une incontinence d'urine qui ne pouvait évidemment disparaître qu'avec sa cause, — le calcul. — Mais ce point intéressant de physiologie pathologique sera éclairé par les observations suivantes :

Observation II. — Marius Laville, âgé de dix ans, — d'une constitution lymphatique, — entre à la Charité dans le courant de l'année 1856. — Il est couché au nº 10 de la *salle Saint-Philippe*. Les symptômes qu'il

accuse me font soupçonner l'existence d'un calcul vésical ; le cathétérisme confirme le diagnostic, le calcul
me paraît être volumineux.

25 décembre, le malade étant soumis à l'inhalation de l'éther, je fais l'application du premier temps
de mon procédé en présence de plusieurs confrères,
des internes de la Charité et de quelques étudiants en
médecine. — Je passe ces détails sous silence pour ne
pas répéter ce qui vient d'être dit à l'observation précédente.

25, la journée est assez agitée. Il y a quelques
vomissements après l'opération. Ces symptômes sont
dus à l'action de l'éther. Quand cette agitation, conséquence de l'anesthésie, est un peu calmée, le malade
ne paraît pas souffrir beaucoup ; il a uriné, du reste,
très-librement.

26, le malade est beaucoup plus calme ; il urine
toujours très-librement. L'anse de fil passée dans l'in-
térieur de la vessie ne paraît pas gêner l'action de
l'organe.

27, seconde application de caustique au fond de
la gouttière, que je creuse au préalable dans l'épaisseur de l'escarre.

28, la journée est bonne, le malade souffre peu ;
il demande à manger (deux potages légers). Les urines
sont librement expulsées par le canal de l'urètre.

29, je répète la même application que le 27.

2 janvier, j'enlève les pièces d'appareil comme précédemment ; l'escarre me paraît humide ; il me suffit, cette fois, de la gratter avec la pointe du bistouri pour voir suinter l'urine au fond de la plaie. Je me décide alors à pratiquer immédiatement le deuxième temps de l'opération, c'est-à-dire celui qui consiste à faire l'extraction du calcul.

La seule particularité que j'aie à signaler, c'est que j'ai donné au lithotome 22 millimètres d'ouverture environ. J'ai pratiqué ensuite, comme chez le malade qui fait le sujet de l'observation précédente, deux petits débridements de deux à trois millimètres d'étendue.

Le calcul est extrait comme à l'ordinaire ; il est volumineux, arrondi à 3 centimètres 1/2 dans son grand diamètre et 3 dans les autres sens ; il a, par conséquent, le volume et la forme d'une noix.

3, la journée a été bonne. L'urine sort, il va sans dire, par la région hypogastrique ; des éponges sont placées à droite et à gauche pour absorber l'urine et empêcher que le malade en soit trop incommodé. J'ai songé à mettre une sonde à demeure, mais je n'ai pu triompher de la résistance du petit malade ; il m'a été impossible de le persuader, et je n'ai pas voulu employer la violence, j'ai donc abandonné les choses à elles-mêmes.

La plaie s'est détergée avec rapidité, puis elle est restée quelques jours stationnaire ; enfin elle a commencé à se rétrécir vers le 10 janvier. Le 12, le malade m'a assuré avoir fait passer quelques gouttes d'urine par le canal ; le 15, elles sortaient presque entièrement par là. Le 18, il ne sort plus d'urine par la plaie de l'hypogastre qui n'a plus, le 22, que deux centimètres environ de diamètre.

6 février, la cicatrisation était entièrement achevée ; la guérison complète. J'ai gardé le malade six semaines en observation ; les fonctions de la vessie s'exécutent avec la plus grande régularité ; la santé générale s'améliore rapidement. Le succès, en un mot, est aussi complet qu'on peut le désirer.

OBSERVATION III. — Joseph Martin, âgé de huit ans, entré à la Charité le 26 mars 1856, *salle Saint-Philippe, n° 13*. — Cet enfant, d'une constitution chétive, présente des symptômes sur lesquels je puis passer sans inconvénient. Qu'il me suffise de dire qu'après avoir constaté la présence d'un calcul dans la vessie, je procède à l'opération le 29 mai. Le malade est soumis, comme d'habitude, à l'inhalation de l'éther ; inutile de décrire ce qui a été fait ; j'épargne au lecteur des répétitions qui seraient fastidieuses pour lui.

Dans la journée le malade a eu deux vomissements, circonstance qu'explique l'éthérisation ; pouls à 100 ; légère agitation. L'expulsion des urines se fait sans plus de difficultés et sans plus de douleurs que d'habitude.

1er juin, deuxième application de caustique.

2. Troisième application de caustique.

4. Le second temps de l'opération, celui qui consiste à faire l'extraction du calcul, est pratiqué.

Le calcul a quatre centimètres et quart dans son plus grand diamètre, et deux centimètres et demi à trois centimètres environ dans les autres.

L'opération est alors complétement terminée.

5. Le malade est fatigué, il a de la fièvre; pouls à 100.

6. Même état. Tentatives infructueuses pour introduire une sonde dans la vessie. Dans la journée, les urines s'écoulent librement par la plaie. Deux éponges sont placées à droite et à gauche de l'ouverture pour absorber l'urine et empêcher le malade d'être trop mouillé.

7. Pouls à 90. Le malade n'accuse pas de douleur, il demande à manger. Pendant les jours qui suivent, l'amélioration marche rapidement, les forces reviennent, la plaie se rétrécit et marche vers la cicatrisation.

20. Quelques gouttes d'urine sortent par le canal de l'urètre.

21, 22, 23. La plaie se rétrécit de plus en plus; la quantité d'urine qui passe par le canal est tous les jours plus grande.

25. Le malade se lève.

30. La plaie est complétement cicatrisée ; le malade urine librement sans éprouver la moindre fatigue ; les forces sont revenues ; la guérison est complète.

OBSERVATION IV. — Claude Bithonnier, âgé de cinq ans, né et demeurant à Saint-Trivier (Ain), entre à la Charité, *salle Saint-Philippe*, n° 8, le 21 août 1857.

Cet enfant appartient à des parents d'une santé assez chétive, il est lui-même doué d'une constitution débile ; il est peu développé pour son âge. Depuis trois années, du reste, il est épuisé par des souffrances auxquelles les parents n'ont opposé que des vermifuges ou autres remèdes empruntés aux commères et aux guérisseurs de la contrée. Ce n'est qu'à la fin du mois dernier que le médecin du pays, M. Chaballier, fut appelé. L'examen du petit malade lui fit de suite soupçonner l'existence d'un calcul dans la vessie ; le cathétérisme confirma ce soupçon ; il put alors décider les parents à conduire leur enfant à Lyon pour le faire opérer.

Le 2 septembre, le premier temps de mon opération est pratiqué. Les dimensions de la pâte caustique appliquée sont d'un centimètre et demi de longueur et de deux millimètres de largeur.

Pendant la journée le malade a été un peu agité, mais de cette agitation que nous avons l'habitude d'observer à la suite de l'inhalation de l'éther. Vers dix heures du soir, le pouls était à 70. Dans la journée le malade a uriné trois fois avec facilité.

3 septembre. Premier pansement et deuxième application de caustique ; la journée est excellente, les souffrances presque nulles. Je ferai, en passant, une remarque sur ce point : on est habitué à voir les cautérisations par le chlorure de zinc déterminer beaucoup de douleur ; c'est, en effet, le cas ordinaire, mais qui s'observe surtout lorsque le caustique agit sur la peau. Les douleurs sont comparativement bien moindres quand le caustique agit exclusivement sur les tissus autres que la peau. Il y a même eu ceci de remarquable chez notre petit malade, c'est que les souffrances qui existaient avant l'opération, qui étaient incessantes et provoquaient à chaque instant des contractions de la vessie, ont complétement disparu. Cette circonstance m'a bien surpris au premier abord, mais il m'a paru facile de l'expliquer. Le calcul pesait probablement sur le col vésical ; dans l'opération, il a été probablement refoulé dans le bas-fond de l'organe, et la position du malade l'a maintenu dans cette situation.

4. Deuxième pansement ; troisième cautérisation ; journée excellente ; pas de fièvre. Le malade mange deux potages dans la journée.

6. Troisième pansement ; quatrième cautérisation.

8. L'escarre se ramollit et semble vouloir se détacher ; l'urine me paraît suinter au fond de la gouttière profonde creusée dans l'épaisseur de cette escarre.

10. Exécution du second temps de l'opération. Agitation dans la journée ; accès de fièvre assez fort ; rien du reste d'alarmant du côté du ventre ; j'administre vingt-cinq centigrammes de sulfate de quinine.

11. La fièvre est tombée, il ne reste plus que de l'abattement ; le ventre est souple et indolent. Il est inutile de faire remarquer que depuis hier les urines ne sortent plus par le canal, mais bien par la plaie de l'hypogastre.

12. La journée a été bonne.

13, 14. Rien de particulier à noter.

16. La plaie se déterge, les urines sortent toujours par la plaie ; toutefois, l'enfant affirme avoir rendu quelques gouttes par le canal.

17, 18. La sœur du service nous assure avoir vu un peu d'urine sortir par l'urètre.

25. La plus grande partie des urines est expulsée par le canal ; toutefois la plaie hypogastrique est blafarde, la cicatrisation marche lentement.

29. Les urines sont entièrement expulsées par l'urètre, mais la cicatrisation de la plaie marche lentement ; l'état général est le même. Les fonctions urinaires s'exécutent avec la plus grande régularité ; le petit malade n'urine que quatre à cinq fois dans les vingt-quatre heures. La vessie paraît se vider complétement ; chez lui, cependant, je ne m'en suis pas assuré en pratiquant le cathétérisme. Cet enfant est tellement pusillanime que l'inspection seule de sa plaie

le fait pleurer. Le cathétérisme eût été un supplice moral que j'ai dû lui épargner. (Ce point de physiologie pathologique se trouve, du reste, éclairci dans une des observations précédentes.)

Il reste une plaie superficielle de la largeur d'une pièce de 50 centimes qui marque à peine sa place sur le linge. Malgré cela, les forces ne reviennent que lentement; la convalescence marche péniblement aussi; je remets très-volontiers le petit malade à ses parents qui sont venus le réclamer.

Quelques jours après, la tante du petit malade m'a donné de ses nouvelles, il allait très-bien; mais quinze jours après elle revint et m'apprit que le malade était mort brusquement, onze jours après son arrivée. Au départ de Bithonnier, rien ne pouvait me faire prévoir un semblable accident; il était évident pour moi que l'enfant avait dû être pris d'une maladie complétement étrangère à l'opération. Je m'empressai d'écrire au Dr Chaballier, médecin de la localité, pour avoir des renseignements précis.

Voici la lettre que cet honorable confrère m'a adressée. Je la rapporte textuellement :

« MONSIEUR ET TRÈS-HONORÉ CONFRÈRE,

« Je vous prie d'agréer mes regrets du retard qu'éprouve ma réponse ; mais ce retard tient à ce que votre lettre a été dirigée sur St-Trivier de Courtes, qui se trouve aussi dans le département de l'Ain. Je m'empresse de satisfaire à votre désir d'être renseigné sur les causes qui ont pu amener la mort de l'enfant Bithonnier, que vous avez opéré de la pierre par une nouvelle taille hypogastrique. Je puis vous rassurer sur les suites de l'opération que vous avez pratiquée. La cause de la mort de cet enfant est, qu'il a été amené de Lyon sur une charrette de Bresse, découverte et par la plus mauvaise nuit que nous ayons eu depuis la mauvaise saison. Ajoutez à cela qu'il a été placé à son arrivée dans une grande pièce ouverte à tous les vents.

« On ne m'a pas informé de son retour, que j'ai appris par un parent auquel j'ai naturellement adressé quelques questions sur la position du malade; il m'a répondu qu'il allait bien. — Lorsque le jour de sa mort on est venu me chercher, je me suis empressé d'aller le voir, je le trouvai dans l'état le plus fâcheux, le pouls était misérable et intermittent, l'intelligence parfaitement nette; je visitai l'hypogastre, *la plaie était complétement cicatrisée*, la cicatrice en parfait état et très-réduite.

« Les renseignements que j'ai recueillis m'apprirent qu'il avait eu deux accès de fièvre pendant les deux jours qui avaient précédé. L'accès avait débuté chaque fois par un frisson suivi de réaction et sueur. Après la sueur, il avait été beaucoup mieux; mais le matin le frisson s'était fait de nouveau sentir, dès ce moment il était devenu très-faible et pris d'une grande anxiété.

Jusqu'alors les fonctions avaient été très-régulières, il avait uriné convenablement, pas trop fréquemment et sans souffrance. — Cette fois la réaction en chaud a été incomplète. Je l'ai fait envelopper de coton et de plusieurs bouteilles remplies d'eau bouillante. Je cherchai à ranimer l'organisme par des infusions toniques chaudes ; — tout fut inutile, trois heures après il était mort. — J'ai conclu de ce qui avait précédé et de ce que j'ai observé, que ce pauvre enfant avait succombé à une fièvre intermittente pernicieuse (comme il y en a souvent en Bresse), qui aurait pu être combattue avec succès deux jours plus tôt.

« Voici, Monsieur, comment les choses se sont passées, ce qui doit j'espère justifier mon opinion que l'opération ne peut être envisagée comme la cause de cette mort, attendu que le malade urinait bien, que la plaie du bas-ventre était cicatrisée et qu'à son arrivée l'enfant mangeait et buvait bien.

« Agréez, etc.

« CHABALLIER. »

St-Trivier-sur-Moignans, 18 novembre 1857.

Ces renseignements ne peuvent laisser aucun doute dans l'esprit. — On peut bien se demander si une opération de taille laisse après elle des infirmités ; mais il est clair que des accidents capables d'amener la mort ne peuvent se déclarer à une distance aussi éloignée de l'opération, alors que la plaie est cicatrisée et que les fonctions urinaires s'exécutent avec régularité. Ce petit malade était sans doute dans de mauvaises conditions générales; l'opération et son séjour dans un hôpital ne sont pas des circonstances qui pouvaient les améliorer; mais si ces circonstances ont eu une influence sur l'organisme et l'ont rendu plus impressionnable, plus accessible aux influences pernicieuses, au milieu desquelles il a eté placé, il est évident que les imprudences commises et surtout le manque de soins sont les seules causes du fâcheux résultat. Les fièvres intermittentes sont, on le sait, endémiques dans la Bresse et souvent, quand l'art n'intervient pas énergiquement, des accès pernicieux enlèvent des individus qui se trouvent surpris au milieu de la meilleure santé. Il n'y a donc eu dans ce fait qu'une coïncidence malheureuse; si cet enfant eût été placé dans des conditions meilleures, si surtout le Dr Chaballier eût été appelé a temps et eût pu administrer le sulfate de quinine, il est plus que probable qu'un autre résultat eût été obtenu.

CONCLUSION.

Les idées et les faits exposés dans ce travail m'autorisent à formuler les conclusions suivantes :

1° La lithotritie n'est qu'exceptionnellement applicable chez les enfants;

2° Parmi les nombreuses opérations de lithotomie, la taille hypogastrique, telle qu'on la pratique ordinairement, est plus grave que les tailles périnéales. — Mais elle présente sur ces dernières une supériorité marquée, en ce qui concerne les suites éloignées de l'opération, l'avenir des malades. — Une fois la guérison obtenue, les sujets sont complétement à l'abri de ces cruelles infirmités qui ne suivent que trop souvent les tailles sous-pubiennes ;

3° Le problème qui a été posé par plusieurs chirurgiens, et qui a pour but de rendre la taille sus-pubienne innocente, ou tout au moins de diminuer considérablement sa gravité, est résolu.

La voie est tracée à présent ; j'espère que d'autres chirurgiens s'y engageront et que, dans un avenir prochain, les faits seront assez nombreux pour permettre d'asseoir un jugement définitif sur la valeur de la taille hypogastrique pratiquée au moyen de la cautérisation.

Placé à la tête d'un service chirurgical d'enfants, je n'ai pu pratiquer cette opération que sur de jeunes sujets ; mais il me semble qu'elle pourrait être pratiquée avec le même avantage chez les adultes. Je n'hésiterais pas à le faire, dans le cas où, pour une raison particulière, la lithotritie serait contre-indiquée.

Chanoine, impr. à Lyon.

LYON

CHANOINE, IMPRIMEUR

10, place de la Charité, 10